GUIDE PRATIQUE

DU

GREFFEUR DE VIGNES D'EUROPE

SUR

CÉPAGES AMÉRICAINS RÉSISTANTS

POUR LE MIDI DE LA FRANCE

AVEC 10 FIGURES DANS LE TEXTE

PAR

Adolphe DUCLAUX

HORTICULTEUR-VITICULTEUR

EX-DIRECTEUR FONDATEUR DE LA PÉPINIÈRE DÉPARTEMENTALE DE VIGNES AMÉRICAINES
DU VAR, MEMBRE, COLLABORATEUR ET LAURÉAT DE PLUSIEURS SOCIÉTÉS
D'AGRICULTURE, D'HORTICULTURE ET DE VITICULTURE

———— ❦ ————

Prix : 1 Franc, franco par la Poste

CHEZ L'AUTEUR A DRAGUIGNAN (VAR)

———— ❦ ————

DRAGUIGNAN

IMPRIMERIE C. ET A. LATIL, ESPLANADE, 4

GUIDE PRATIQUE

DU

GREFFEUR DE VIGNES D'EUROPE

SUR

CÉPAGES AMÉRICAINS RÉSISTANTS

POUR LE MIDI DE LA FRANCE

AVEC 10 FIGURES DANS LE TEXTE

PAR

Adolphe DUCLAUX

HORTICULTEUR-VITICULTEUR

EX-DIRECTEUR FONDATEUR DE LA PÉPINIÈRE DÉPARTEMENTALE DE VIGNES AMÉRICAINES
DU VAR, MEMBRE, COLLABORATEUR ET LAURÉAT DE PLUSIEURS SOCIÉTÉS
D'AGRICULTURE, D'HORTICULTURE ET DE VITICULTURE

Prix : 1 Franc, franco par la Poste

CHEZ L'AUTEUR A DRAGUIGNAN (VAR)

DRAGUIGNAN

IMPRIMERIE C. ET A. LATIL, ESPLANADE, 4

AVANT-PROPOS

Après tant de bonnes choses écrites sur la vigne, la plupart par des savants, comment oser venir aujourd'hui prendre la plume et lancer une nouvelle publication sur le greffage de cet arbrisseau dont la culture représente une véritable richesse de notre sol français. Le moment serait vraiment mal choisi si nous n'avions que le seul désir de nous rendre utile à la société, en publiant les résultats de nos travaux pratiques depuis quinze années dans plusieurs départements méridionaux.

Cet opuscule n'est point pour ceux qui connaissent à fond la reconstitution de nos vignobles français par le greffage sur américains résistants, mais bien pour les personnes qui, avides de replanter, voudraient avoir en main un guide pour bien faire, les prévenant par avance que n'étant point écrivain je réclame leur indulgence si mon style laisse à désirer, le travail que j'offre aujourd'hui ne visant que le côté pratique, je laisse à mes honorables lecteurs le soin de l'apprécier.

A. DUCLAUX.

CHAPÎTRE Ier

**Introduction. — Producteurs directs. — Porte-greffes
proprement dits. — Adaptation au sol.**

Nous n'avons pas à nous occuper ici du terrible insecte
appelé phylloxera qui détruit nos vignobles, pas plus que
des traitements appliqués à la vigne soit, la submersion et
l'emploi du sulfure de carbone, le premier peu pratique
dans les départements méridionaux par suite du manque
d'eau et de la majeure partie des terrains complantés à
surfaces inclinées, enfin du défaut de la perméabilité de l'eau
dans les terres à sous-sol imperméable et de son écoule-
ment trop rapide dans les terrains trop légers.

Les traitements au sulfure de carbone, tout en recon-
naissant les bons effets qu'ils produisent, lorsque, bien
entendu, les opérations sont bien conduites donnent lieu à
des dépenses assez élevées. De plus les résultats ne s'ob-
tiennent pas dans toutes les natures de terrain.

Si nous voulons reconstituer nos vignobles, il nous reste
à planter les cépages américains résistants, bien étudiés
convenant à la presque généralité de nos terres.

Les cépages américains se divisent en deux sections,
les producteurs directs qui la plupart sont d'excellents
porte-greffes et les porte-greffes proprement dits.

Les producteurs directs sont: 1° le Jacquez qui jusqu'à ce
jour cultivé pour ses fruits, est aujourd'hui devenu un porte-
greffes important en ce sens que partout où il se comporte
bien une fois greffé il donne lieu à des vignes très vigoureuses
et d'une fertilité remarquable, si les greffons ont été bien
choisis. Le Jacquez se plaît dans des sols frais et de bonne

qualité, redoute les terres à sous-sols humides de même que celles trop argileuses et trop sèches.

Si le sol manque de fraîcheur on y supplée par des défoncements profonds pour permettre aux racines de puiser l'humidité nécessaire à leur développement.

2° L'Herbemont, bon producteur direct pour les sols calcaires et chauds où le Jacquez semble souffrir, est aussi un porte-greffes qui a ses mérites. Nous avons, il y a trois ans, greffé sur ce cépage quinze variétés de nos raisins indigènes et constatons de bonnes soudures, une végétation forte et soutenue.

3° L'Othello donne de bons produits, jusqu'à ce jour il n'a pas été employé comme porte-greffes, sa résistance du reste étant encore à l'étude.

Porte-greffes proprement dits. — *Riparias.*— Les Riparias tant vantés au début comme se comportant partout n'ont pas tardé à prouver le contraire. Cependant, en choisissant les meilleures formes, les plus vigoureux, à gros bois et larges feuilles et, ayant le soin de ne pas les greffer en contre-bas du niveau du sol, les sujets plantés dans des terrains de consistance moyenne, meubles et perméables, ont réussi à former bientôt des souches vigoureuses, fertiles et durables. Mais si l'on place les Riparias dans des sols humides ou bien trop secs et peu profonds ces derniers se chlorosent et vivotent. Quel espoir attendre de pareils sujets ?

Solonis. — Très bon porte-greffes, réussit bien dans les terres de moyenne nature et dans celles trop humides où les autres cépages américains dépérissent, par contre souffre et végète faiblement dans les sols secs et peu profonds.

L'Yorck's Madeira fait merveille sur les terrains secs de nos plaines et côteaux ayant cependant une certaine profondeur. On a dit que ce cépage restait faible les premières années, mais qu'après il devenait vigoureux. Le fait est vrai, si, comme au début, on se sert de boutures minces et grêles provenant de bourgeons anticipés, mais si par une bonne sélection on a le soin de choisir des boutures bien constituées, ce cépage, comme ses congénères, produit des sujets capables de supporter la greffe un an après sa mise en place. A notre avis, cet excellent porte-greffes n'est pas assez employé.

Les *Rupestris*, vignes des rochers comme son nom l'indique, la vraie consolation des propriétaires de terrains secs, très secs et peu profonds. Nos vignes d'Europe s'y soudent bien. Avec ce porte-greffes, dont la résistance n'est plus en doute aujourd'hui, il nous sera possible de cultiver la vigne dans des sols de très mauvaise nature.

De ce qui précède, il est facile de conclure qu'avec les porte-greffes ci-dessus nous pourrons planter dans presque tous les sols secs et très secs de même que dans ceux trop calcaires, argileux et humides, en recourant aux amendements, aux drainages et surtout choisissant les porte-greffes pour telles ou telles natures de terre.

Adaptation au sol. — La question d'adaptation des différents cépages américains a été cause de beaucoup de discussions et a donné lieu à de nombreuses déceptions. Les uns nous disent que c'est le point de départ pour des plantations prospères et durables, d'autres ne voient en cela qu'une pure fantaisie.

Les diverses variétés de vignes américaines comme tous les autres végétaux ont leur préférence pour telle nature de terrain et, après quinze années d'expériences dans les départements de Vaucluse, des Bouches-du-Rhône et le Var, je crois pouvoir affirmer, que lorsque les racines de ces dernières sont placées dans un sol leur convenant elles donnent au sujet une force végétative forte et soutenue d'où dépend l'avenir des variétés des vignes d'Europe que nous y associons par la greffe.

CHAPITRE II

Défoncements et Plantations. — Greffage de la vigne. —
Après combien de temps doit-on greffer les boutures et
plants racinés plantés à demeure.—Epoques du greffage.

Défoncements et plantations. — Par leur structure et le
mode particulier de végétation, les vignes américaines
devant prendre un grand développement, la première des
questions est celle de favoriser l'elongation et la multipli-
cation de leurs racines, et ce, par des défoncements faits
quelques temps avant leur plantation. Plus les terrains
seront secs plus ces derniers devront être profonds (1).

Si la plantation des boutures ou racinés a lieu en même
temps qu'on opère les défoncements comme cela se pratique
généralement dans le Var et autres départements, ce que
nous ne saurions conseiller, il faut veiller à ne pas les
exécuter lorsque les terres sont trop humides. La meilleure
époque pour les plantations de la vigne dans nos terrains
secs et brûlants du midi, nous paraît être celle qui suit la
chute des feuilles après la cessation de toute végétation
apparente c'est-à-dire en novembre et décembre.

En effet, les sujets racinés déplantés et replantés avec
précaution à cette époque de l'année, sont d'une reprise
certaine et capables de résister aux chaleurs de l'été. Je me
demande s'il n'en sera pas de même pour la simple bouture,
des expériences réitérées m'obligent à le croire; donc, il ne
nous paraît pas insensé de détacher nos boutures des pieds-

(1) La profondeur des défoncements peut être celle de 0m50 à 0m75, et plus selon
la nature des terres et les cépages employés. Negliger de planter les terres à sous-
sols trop humides et plastiques de même que ceux sans profondeur et extra-secs ou
la vigne ne pourrait se developper.

mères après la chute des feuilles et les planter à demeure. Cependant si on a pu planter à cette époque, on peut encore le faire jusqu'à fin mars, mais alors il faut redoubler les soins pendant l'été et les réussites ne sont jamais aussi grandes.

Quelque soit le mode de plantation adopté, il faut, en plantant, laisser un œil à deux ou trois centimètres au-dessus du niveau du sol, un deuxième au-dessus du premier pour les boutures, et un nœud de la partie du vieux bois pour les racinés, ces derniers sont rabattus à deux ou trois yeux sur le rameau de l'année. Plus loin nous verrons le rôle que doit remplir cet œil ou ce nœud placé au-dessus du sol.

La plantation achevée, butter les boutures jusqu'au-dessus de l'œil supérieur et toute la partie de vieux bois des racinés, la bouture ainsi buttée est d'une reprise plus facile et les écorces des racinés conservent plus d'élasticité ce qui favorise l'ascension de la sève.

Pendant la première végétation, biner plusieurs fois la plantation pour détruire les mauvaises herbes et maintenir la fraîcheur du sol.

Si les sujets racinés ont été bien choisis, la plantation bien faite et que les soins d'entretien n'aient point été négligés, on peut compter sur des réussites à peu près complètes, il n'en n'est pas de même des boutures qui, le plus souvent, ne reprènnent que dans des proportions restreintes et c'est par suite de ce fait que nous donnons toute notre préférence aux plants racinés.

Les lacunes laissées par la non réussite des boutures dans les plantations à demeure sont, à l'automne, remplies avec de bons plants racinés mieux, par des vignes greffées et soudées.

Greffage de la vigne (1). — Cette opération qui paraît être

----

(1) Nos spécimens en nature de greffes de vignes, ont toujours obtenus les plus hautes récompenses aux expositions et concours ou nous les avons fait figurer

un véritable épouvantail à bon nombre de planteurs lorsqu'il s'agit d'opérer des sujets plantés à demeure, n'a rien
de difficile et les résultats ont généralement lieu dans des
proportions étendues lorsque ce travail est fait avec con-
naissance de cause. N'oublions pas que le greffage de la
vigne de nos jours est diamétralement en opposition avec
ce qui se pratiquait avant l'invasion phylloxérique. Jadis
en greffant la vigne on visait à l'affranchissement de la
greffe tandis qu'aujourd'hui c'est l'inverse qui a lieu, et,
c'est pour ne pas tenir compte de ce principe que beaucoup
de vignes françaises greffées sur cépages américains résistants prennent bien au greffage, vivotent pendant deux
ou trois ans, et, après ce laps de temps relativement court
périssent peu à peu sinon tout à coup.

Connaissant le mal il s'agissait de trouver le remède.
Nous croyons pouvoir affirmer que chaque fois qu'un porte-
greffes est opéré en contre-bas du niveau du sol, ce dernier
ne pouvant bénéficier de l'air et de la lumière, agents bienfaiteurs de la végétation, s'atrophie; l'accroissement en
diamètre n'augmente pas, la sève, descendante (cambium)
s'accumule sur la partie greffée et ne concours plus à l'é-
longation des racines du sujet qui reste faible et dépérit. Si
la greffe développe un nouvel appareil radiculaire la souche
greffée prend de la vigueur, mais sitôt que le phylloxera
fait pâture de ces dernières la vigne affranchie succombe à
ses attaques.

L'expérience nous prouve tous les jours que les végétaux
greffés ou bien plantés greffés en contre-bas du sol dépérissent rapidement s'ils n'ont les moyens de se former des
racines au point de jonction au sujet. Les exemples nous
en sont fournis par certains arbres fruitiers, ceux à fruit à
noyaux surtout sur lesquels lorsqu'ils ont été frappés de
mort subite après l'arrachage, l'on peut constater un fort
renflement gommeux et le sujet en partie décomposé alors
que les mêmes arbres greffés à une certaine hauteur au-

dessus du sol sont vigoureux et pleins d'avenir. Les végé
taux étant des êtres vivants et organisés ont comme tous les
êtres de la création besoin de respirer, les porte-greffes se
trouvant être les supports d'un végétal greffé, nous ne devons rien négliger pour faciliter cette respiration. Voici un
exemple sur cent de ce qui arrive en greffant au-dessus et
non au-dessous du sol : Il y a quatre ans nous avions greffés
des Chasselas sur des Riparias en fente pleine à 0,05 environ
en contre-bas du niveau du terrain. Sur trois sujets deux
furent opérés le troisième laissé. La première végétation
des greffes fut remarquablement belle, l'an d'après elle
paraissait stationnaire malgré l'enlèvement des racines
des greffes. J'allais accuser le Riparia comme ne convenant
pas à la nature du sol de mon jardin, cependant le troisième
sujet non greffé avait à cette date de l'année, 15 juillet, des
pampres de 2 à 3 mètres de longueur, lorsque l'idée me
vint de déchausser une des souches greffées jusqu'aux
premières racines du sujet, de façon à mettre à découvert
non seulement la partie greffée, mais une portion du sujet.
Pendant le restant de la saison la végétation reprit sur
cette souche, l'année suivante la souche d'une vigueur in-
croyable produisait de beaux et bons fruits alors que celle
placée à ses côtés restait chétive et sans avenir, dès lors
j'étais fixé.

D'après ce qui précède, il serait facile de conclure que,
au lieu de condamner tel ou tel porte-greffes parce qu'il ne
convient pas à telle ou telle nature de terrain, nous devrions
au contraire chercher à modifier le greffage de la vigne.
Nous admettons le buttage de la greffe pendant une partie
de la première végétation. Mais sitôt que la greffe est bien
soudée au sujet nous faisons disparaître les monticules de
terre. L'opération à quelques centimètres au-dessus du
niveau du terrain se fait plus rapidement et plus aisément
que si l'on greffe à 0,05 ou 0,10 de profondeur et les soudures se font mieux que sur les greffes souterraines le
soleil venant vivifier les couches génératrices.

Des personnes, des auteurs mêmes, ont avancé que la vigne n'acceptait que le greffage souterrain, je suis désolé de ne pouvoir partager leur opinion à ce sujet car j'ai greffé et je greffe encore ce végétal au-dessus du sol, et je puis dire avec succès, par des systèmes de greffes que nous conseillons plus loin. (1).

Après combien de temps doit-on greffer les boutures et les plants racinés plantés à demeure.— Ainsi que nous l'avons dit, si les boutures et plants racinés sont choisis avec soin, bien plantés, fumés et convenablement entretenus pendant l'été, à l'automne qui suit leur mise en place la majeure partie, sinon la totalité, seront aptes à recevoir la greffe.

L'expérience prouve tous les jours que les reprises des greffes sont d'autant plus nombreuses et les soudures intimes que les sujets sont plus jeunes. N'est-ce pas ce qui se produit pour nos fruitiers de pépinières que nous écussonnons en août-septembre après quelques mois de plantation seulement.

Nous ne sommes cependant pas de ceux qui, pour faire de la viticulture à la vapeur, risqueraient d'avoir des non réussites pour les greffes ou de produire des individus faibles et par conséquent sans avenir.

Si à la fin de la première végétation nos sujets ne sont point assez vigoureux nous ajournons volontiers leur greffage à l'année suivante.

Epoques du greffage. — Quelle est, ou plutôt quelles sont les meilleures époques du greffage de la vigne? Quand on nous consulte à ce sujet nous répondons — et ce en donnant des preuves à l'appui — que ce végétal peut supporter cette opération à toutes les époques de l'année : 1º Ne greffons-nous pas au déclin de la sève, de la fin août à la mi-octobre, en place ou en pépinière, des sujets jeunes et âgés; 2º De novembre à mars, à l'atelier, nous

(1) Des greffes ainsi faites depuis 1877, nous permettent de récolter d'abondants produits sur des souches d'une grande vigueur.

greffons des racinés et des simples boutures que nous stratifions après leur greffage pour les placer en pépinière courant mars-avril; 3° De mars à fin mai l'on opère les sujets en place non greffés en automne; 4° Enfin, soit que l'on veuille remplir des vides sur les branches de charpente de la vigne ou bien greffer les bourgeons des souches dont la greffe n'avait pas réussi, par la greffe en approche herbacée praticable de mai à fin août nous arrivons à dire que la vigne peut être greffée pendant les douze mois de l'année.

Les greffages d'automne pour la vigne sont destinées à rendre de véritables services aux propriétaires viticulteurs de notre région. Ces greffes bien faites donnent des résultats satisfaisants au point de vue des réussites, soudures et vigueur des greffes.

Indépendamment des avantages ci-dessus, cette époque est celle où les travaux ne sont point aussi pressants qu'en mars, avril et mai, de plus, si en greffant comme nous le conseillons plus loin au-dessus de terre, les greffes faites à cette saison venaient à manquer, il nous serait facile de reprendre les pieds au greffage du printemps.

Il nous a été demandé si des greffes faites courant septembre-octobre ne risquaient pas de se développer avant les froids. Oui, le fait peut se produire si vous greffez bas et que vous laissiez à découvert les greffons, mais si l'on a le soin de greffer à niveau du sol et un peu au-dessus, laissant aux greffons trois ou quatre boutons ou œils et que avec de la terre bien meuble vous formiez une butte à large base se terminant à l'extrémité supérieure du greffon, vous pouvez en toute sécurité dormir tranquille. Pendant l'hiver ces greffes n'auront nullement à souffrir des changements de température et, si sous l'influence d'un automne chaud et humide l'œil supérieur des greffons donnait naissance à un bourgeon mal lignifié, au printemps suivant on peut le rabattre au-dessus du deuxième ou troisième œil selon que le greffon en portait trois ou quatre. C'est pour parer à cet inconvénient que nous laissons à nos greffons un œil de plus que lorsque les greffages ont lieu au printemps.

On a voulu savoir aussi si les bois provenant des souches greffées en automne pouvaient être employés à la plantation. Après avoir coupé sur chacun des sarments choisis leur extrémité encore herbacée ou demi-ligneuse, on les effeuille complètement. Ces sarments sont stratifiés sans retard dans du sable frais et au cas où on aurait du terrain préparé, bien défoncé, fumé et ameubli on peut les mettre de suite en pépinières, mais non à demeure. Des pépinières ainsi établies dans nos cultures nous ont constamment données de bons résultats tant sous le rapport des reprises que pour la beauté des plants obtenus, c'est ce qui nous porte à dire que l'automne serait, dans la région méridionale, la saison pour bien réussir. On emploie aussi ces bois aux greffages d'hiver à l'atelier.

Quelques grands que soient les avantages du greffage d'automne beaucoup de propriétaires ne pourront se décider à opérer leur vignes à cette saison, préférant l'époque traditionelle de mars, avril et rejetteront souvent le mois de mai. Nous ne pouvons en vouloir à ces braves gens là, et comme notre œuvre est avant tout celle de plaire à tous ceux qui nous ferons l'honneur de nous lire, tout en exposant des faits vrais je ne crois mieux faire que de donner quelques explications sur les greffages qui ont lieu au printemps pour les sujets en place.

Les greffages d'automne ayant lieu sous l'action d'une sève modérée c'est là le principal but de réussite; au printemps, au contrairs, la sève des portes-greffes américains se mettant en mouvement de très bonne heure est fort abondante au moment de l'opération et nuit beaucoup à la soudure des greffes. Pour obvier à cet inconvénient, nous conseillons de rabattre avant tout mouvement de sève, en janvier, février par exemple, le ou les sarments—selon que les vignes sont plus avancées en âge—à quelques centimètres,

8 à 10 environ de leur point d'insertion sur les pieds. Au moment du greffage, la sève des racines n'étant que bien peu appelée par suite de la diminution de tire sève; c'est-à-dire les bourgeons ou pampres, cette dernière se modère et ce n'est qu'après que les greffes sont en partie soudées, que des bourgeons vigoureux s'allongent, le nombre des feuilles augmente, la sève des racines jusque-là restée stationnaire est fortement attirée, l'équilibre du végétal est rétabli.

On a conseillé de planter à demeure de très bonne heure, en automne et les premiers jours d'hiver, des sujets racinés et de les greffer au printemps suivant. Nous ne saurions approuver ce mode d'opérer, en ce sens que les racines du sujet n'ayant point encore pris possession du sol, la greffe reste faible la première année et souvent le sujet ne repousse plus si la greffe ne réussit pas.

Pour réussir les greffes à demeure, il importe d'opérer sur des sujets capables de bien alimenter les greffons. Le système ci-dessus est juste bon pour des greffages en pépinière et à l'atelier dont nous parlerons dans un autre chapitre.

CHAPITRE III.

Choix, coupe et conservation des greffons. — Outils et instruments de greffage. — Ligatures et engluements

Que nous greffions en automne, en hiver ou au printemps, il est de la plus grande importance de choisir les greffons sur des souches vigoureuses ayant porté fruits, si faire se peut, ne se servant que des sarments bien constitués, sains et ligneux, et non de ceux sortant de terre longs, gros et a mérithalles très éloignés, qui ne sont autres que des gourmands ; de telles productions donnent lieu à des souches vigoureuses, mais peu fertiles. Si le greffage a lieu en automne en place et même pendant l'hiver à l'atelier, nous n'avons aucune préparation à faire subir aux greffons les employant sitôt après les avoir détachés de la souche, mais s'ils doivent nous servir pour les greffages du printemps il faut les couper de bonne heure — janvier ou février — les mettre en lieu propice pour éviter leur désorganisation.

Il est plusieurs moyens de conserver la vitalité des sarments devant nous servir de greffons : 1° les placer obliquement près les uns des autres dans une terre meuble à l'exposition du nord, laissant à decouvert l'œil supérieur; 2° dans du sable frais, mais non humide, par couches alternatives horizontales dans une cave, sous un hangar, etc.; 3° dans l'eau se renouvelant.

Les greffons mis en jauge (réserve) dans une terre friable s'y conservent bien, ceux stratifiés dans du sable donnent des résultats sérieux, les greffons conservés dans l'eau, gorgés d'une sève aqueuse, ont quelquefois à souffrir des hâles du printemps qui souvent les dessèchent.

Il est des praticiens qui préfèrent conserver les sarments-greffons sur les souches pour ne les détacher qu'au moment de leur emploi. Ce système est excellent pour les greffages d'automne en place et l'hiver à l'atelier, mais ne saurait être conseillé pour les sujets à greffer en place de mars à mai, par la raison que la sève en mouvement peut compromettre la réussite des greffes.

Outils et instruments de greffage. — Les outils de greffage pour la vigne sont nombreux ; de plus il a été inventé quantité de machines (greffoirs mécaniques) avec lesquels l'on fait beaucoup de besogne. Celle de M. J. Comy, de Garons (Gard) fait bien la greffe en fente pleine et l'anglaise perfectionnée en place et à l'atelier. Mais comme avec ces dernières on ne peut exécuter toutes sortes de greffe, quoique peu nombreuses, et beaucoup de personnes ne voulant faire de pareilles acquisitions, la plupart de ces machines n'étant livrées qu'à des prix assez élevés, il nous reste à faire connaître les instruments les plus simples, les moins coûteux et les plus pratiques qui sont : 1° une scie à main servant à décapiter la tige des sujets d'une certaine grosseur ; 2° une serpette solide pour polir les plaies faites par la scie, enlever les vieilles écorces, etc. ; 3° un sécateur à ressorts très utile pour la coupe des tiges des sujets petits et moyens et fragmenter les greffons ; 4° un ciseau en fer, mieux en acier, pour pratiquer l'ouverture des forts sujets greffes en fente simple ; 5° un petit maillet en bois dur pour frapper sur le ciseau ; 6° un couteau ou greffoir avec lequel on prépare les greffons et sujets pour les différents modes de greffages.

La figure 1 représente ce couteau-greffoir réduit, que nous trouvons facilement dans notre ville au prix de 1 à 1 fr. 50 selon la grosseur ; 7° une bonne pierre du Levant pour passer sur les lames afin de conserver leur tranchant intact ; 8° une caisse avec anse à défaut un panier pour le transport des instruments.

Ligatures et Engluements. — Pour qu'une greffe se soude bien il ne suffit pas que l'ajustage soit parfait, il faut en outre que toutes les surfaces en contact soient pendant un certain temps unies le plus intimement possible pour favoriser l'aglutination des tissus, ce qui arrive en les maintenant au moyen de ligatures, et quoique le rôle de ces dernières ne soit que momentané elles sont indispensables pour à peu près toutes les sortes de greffes.

FIG. 1
Couteau-greffoir

Lorsque nous opérons de forts sujets en fente simple, si le greffon est fortement engagé dans le sujet la ligature devient inutile, dans le cas contraire ; nous ligaturons avec

de la ficelle souple ou tout simplement avec de petits osiers refendus.

Pour les greffes en fente pleine et en fente anglaise modifiée sur sujets moyens et petits c'est le raphia qui à notre préférence, sulfaté si nous opérons à l'automne en place et l'hiver à l'atelier, et à l'état naturel pour les greffages du printemps.

Engluements. — Est-il nécessaire de revêtir les greffes de la vigne d'un engluement quelconque ? Oui si vous greffez au-dessus du sol, des sujets d'un assez fort calibre, en fente simple et que vous ayez à votre portée un mastic à greffer résistant bien sur les bois mous et spongieux de la vigne (1).

Non si on emploi des mastics ou autres engrédiens se détachant des bois auquel cas nous préférons recouvrir les greffes d'une bonne couche de sable et terminons par une forte butte dé terre friable.

CHAPITRE IV

Quelles sont les meilleures sortes de greffes pour la vigne. — Greffage à l'atelier.

En thèse générale, on peut dire que certains végétaux s'accommodent de presque toutes les sortes de greffes employées jusqu'à ce jour.

Il n'en est point ainsi pour la vigne et, si l'amandier réussit bien aux greffages à l'écusson, en couronne, en placage et en flute, la vigne semble repousser toutes ces

(1) Le mastic perfectionné à greffer a froid de M. Dantin, grande rue de la Guillotière, 103, Lyon, nous donne les meilleurs resultats par son adhérence complète, sa résistance à la chaleur et à l'humidité.

sortes de greffes. Il est vrai que dans ces derniers temps on avait voulu greffer en écusson nos vignes indigènes sur cépages américains. Ce qui prouve que les réussites n'ont point été couronnées de succès, c'est que les partisans de ce système semblent l'avoir abandonné.

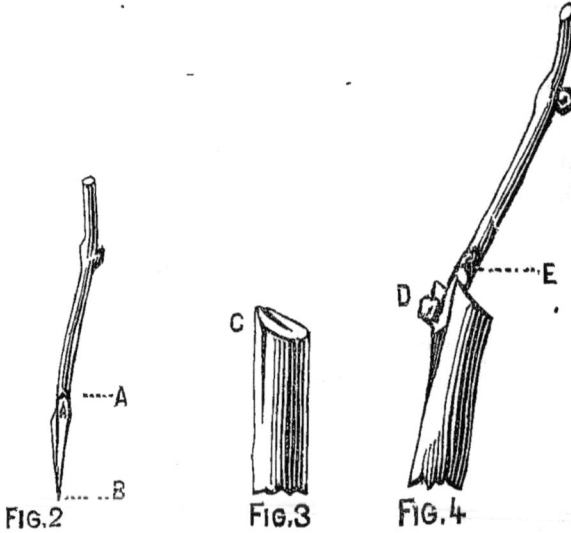

FIG.2   FIG.3   FIG.4

Le greffage de la vigne n'étant point affaire de fantaisie il faut, pour bien réussir, n'employer que les sortes de greffes reconnues bonnes par les preuves qu'elles nous ont données. Ce sont: 1° la greffe en fente simple pour les sujets dont le diamètre excède celui du greffon.

Couper obliquement la souche à 0,05 ou 0,06 centimètres environ au-dessus de terre, bien polir la plaie à la serpette. Le greffon sera préparé ainsi : il aura trois yeux si les merithalles (entre-nœuds) sont rapprochés et deux yeux seulement s'ils sont éloignés. Sous le climat du midi les greffons courts sont les meilleurs; ils perdent moins par l'évaporation et les buttes sont plus faciles à établir pour leur complet recouvrement.

Supposons un greffon portant deux yeux, nous taillons

sa base en forme de lame de couteau les biseaux de chaque côte commençant un peu au-dessus de l'œil inférieur A (fig. 2), pour se terminer en pointe à la partie inférieure B. Le greffon ainsi préparé sera introduit dans la fente du sujet qu'on pratique du côté le plus élevé du biseau C (fig. 3), fente qui ne doit pénétrer qu'à moitié bois. Le greffon est ajusté au sujet de façon à ce que l'œil inférieur soit légèrement enchassé dans la fente du sujet D (fig. 4), laissant à découvert une petite partie des biseaux du greffon E. Ligaturer fortement s'il y a lieu et enduire les plaies avec le mastic perfectionné Dantin ou autre qu'on aurait à sa portée. Il ne nous reste plus qu'à former une forte butte avec de la terre bien ameublie. Dans le cas où nous n'aurions pas la terre en question, placer tout autour de la greffe une couche de sable comme il a été dit plus haut et finir la butte avec de la terre prise près de la souche opérée.

La greffe en fente simple telle que nous la conseillons donne généralement lieu à de nombreuses réussites et à de bonnes soudures. Les couches génératrices du sujet et celles du greffon se trouvant en contact sur plusieurs points, la sève recouvre promptement les parties tronquées.

Dans aucun cas nous ne saurions conseiller la coupe horizontale et les sujets fendus sur tout leur diamètre. Ainsi mutilées, ces souches sont longtemps à recouvrir leurs plaies ce qui donne lieu à des greffes défectueuses et sans avenir. Pour les sujets très forts, il est préférable de les couper au-dessus du sol et ajourner leur greffage à l'année suivante sur les sarments obtenus.

Greffe en fente pleine. — Une, sinon la meilleure greffe pour notre région, simple dans son exécution, expéditive, à la portée de tous et donnant les meilleurs résultats; voilà bien certainement des qualités à séduire les praticiens; mais, j'ai hâte de dire que cette greffe (comme du reste toutes les autres) ne produit ses bons effets que lorsqu'elle est bien faite. Voici la manière d'opérer : Sur des sujets plantés à demeure, des racinés déplantés et même sur de simples boutures, nous coupons le sujet horizontalement à trois centimètres environ au-dessus de l'œil (bourgeon ou nœud) placé à niveau du sol ou un peu au-dessus que nous avons eu soin de ménager lors de la plantation des boutures et des plants racinés, et au-dessus de l'œil supérieur pour les simples boutures et racinés greffés à l'atelier. Le greffon dont le diamètre aura un millimètre 1/2 environ de plus que le sujet sera taillé en deux biseaux égaux en forme de coin (fig. 5), lesquels biseaux commencent vers la moitie de l'œil inférieur E. Fendre le sujet dans son milieu ensuite y introduire le greffon en le forçant de manière à faire arriver la base de l'œil inférieur du greffon sur l'orifice de la partie tronquée du sujet F (fig. 6). Si les diamètres du greffon et du sujet sont ceux que nous ne saurions trop recommander, toutes les surfaces sont remplies et les couches génératrices se rencontrent sur la plus grande étendue de l'assemblage ce qui est indispensable pour avoir de nombreuses et bonnes reprises Nous recommandons de couper en biais les parties tronquées du sujet R pour que les soudures se fassent plus facilement, on évite ainsi l'exfoliation de sa partie supérieure. Une autre recommandation non moins importante est celle de placer l'œil inférieur du greffon du côté opposé à celui du sujet pour l'égale répartition de la sève S, S (fig. 6). Ligaturer, appliquer du mastic sur les parties dépourvues d'écorces, R X même figure, et butter fortement la greffe.

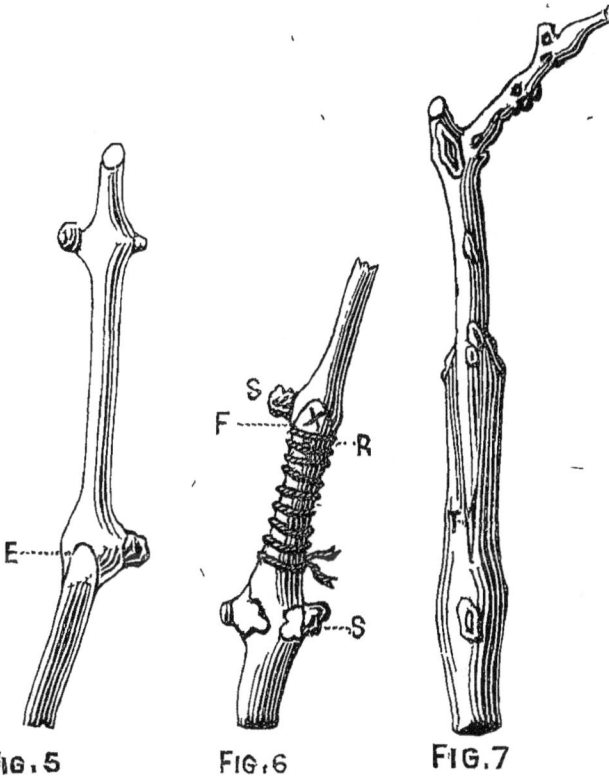

FIG. 5   FIG. 6   FIG. 7

Beaucoup de greffes en fente pleine sont faites sur mérithalles ou parties lisses et non immédiatement au-dessus d'un nœud. Il s'ensuit qu'en forçant le greffon pour son placement les fibres ligneuses cèdent et le sujet s'entrouve, la fente augmente en profondeur à mesure que la greffe grossit et au bout de peu de temps un vide apparaît au-dessous des points de soudure ce qui compromet gravement l'avenir de la greffe T (fig. 7).

. Pour parer à cet inconvénient on a conseillé de brider le sujet, le liant fortement avant l'introduction du greffon. Ce système a pour effet d'entraver la libre circulation de la sève dans ses mouvements ascendants et descendants ce qu'il faut éviter le plus possible.

Lorsque au-dessus du niveau du sol nous n'aurons pas un point d'arrêt sur les jeunes sujets à greffer, mieux vaudra recourir à la greffe en fente anglaise telle que nous l'avons modifiée et dont nous allons nous entretenir.

Greffe en fente anglaise modifiée. — Prônée par les uns, détrônée par d'autres cette sorte de greffe nous rend des services incontestables pour les sujets n'ayant au point à opérer que des parties lisses.

La greffe en fente anglaise telle qu'on la pratiquait les premiers temps du greffage de la vigne américaine laissait beaucoup à désirer. Les biseaux du sujet et du greffon d'une longueur démesurée affaiblissaient les bois d'assemblage, de plus, les fentes ou languettes très profondes se desséchaient le plus souvent, de sorte que les soudures intimes en apparence ne l'étaient point en réalité, d'où il résultait des vignes sans avenir.

Pour éviter ces faits de se reproduire, des praticiens modernes conseillent des biseaux courts et très-courts de même que les fentes, mais, disons-le, les assemblages trop courts sont moins solides et les greffes sont sujettes à être décollées par un mouvement de bascule.

La greffe anglaise — comme toutes les autres greffes en fente — sera bien faite lorsque les biseaux et fentes (languettes) seront proportionnés à la grosseur des sujets; plus ces derniers seront forts plus les biseaux des sujets et ceux des greffons seront allongés et les fentes profondes, le contraire aura lieu pour ceux de petite dimension, car généraliser la longueur des fentes et biseaux c'est agir en aveugle.

Pour notre étude nous prendrons un sujet et un greffon de grosseur moyenne, soit de neuf à dix millimètres de diamètre. Le greffon (fig. 8) aura son extrémité inférieure taillée en bec de flûte long de trois centimètres environ, la fente A, profonde de trois à quatre millimètres commençant un peu au-dessus du milieu du biseau, lequel biseau se pratique immédiatement au-dessous de l'œil inférieur et du côté opposé, la longueur du biseau et la profondeur de la fente seront les mêmes pour les sujets.

Il ne reste plus qu'à introduire la fente du greffon dans celle du sujet et ajuster le tout de façon à ce qu'il y ait coïncidence des écorces (C fig. 9), ligaturer ensuite. L'engluement n'est point indispensable pour cette sorte de greffe toutes les parties tronquées étant recouvertes. Inutile d'ajouter qu'un bon buttage est nécessaire.

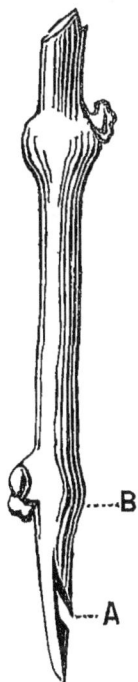

FIG. 8

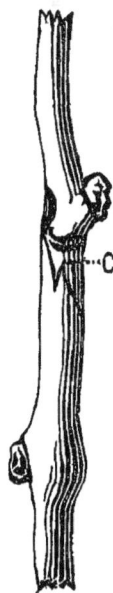

FIG. 9

L'expérience nous prouve que les greffes en fentes anglaises reprennent mieux lorsque, ainsi que nous le conseillons, l'œil inférieur du greffon arrive sur l'extrémité du biseau des sujets, que quand on opère sur la longueur des mérithalles (entre-nœuds. Il en est de même pour les greffes en fente simple et fente pleine Cet œil tient en dépôt une certaine quantité de sève de réserve laquelle concours puissamment à parfaire les soudures qui deviennent très solides.

La greffe qui nous occupe est plus longue et plus difficile à bien exécuter que celle en fente pleine pour les greffages en place surtout, mais comme elle est une précieuse ressource pour les sujets à mérithalles longs, de plus, que bien faite elle nous donne de très bons résultats, nous n'hésitons pas à l'employer chaque fois que l'occasion se présente et c'est le cas des greffages actuels là où lors de la plantation des sujets on n'a pas eu le soin de laisser à niveau du sol — et même un peu au-dessus — un œil à la bouture et un nœud aux plants racinés.

Greffe en approche herbacée.— Cette sorte de greffe laissant après le sevrage une partie tronquée sur le sujet et le greffon, ce qui est un obstacle pour obtenir l'intimité des soudures, nous ne croyons devoir conseiller son application sur les sujets américains à transformer. Mais si nous l'abandonnons dans le vignoble nous la recommandons dans le jardin pour les vignes en espaliers et en contre-espaliers conduites sous les diverses formes de cordon à bras permanents, pour remplir les vides des branches de charpente où les coursons auraient disparus.

En mai–juin, alors que les écorces rugueuses de la branche de charpente se laissent bien soulever, faire au point voulu une entaille longue de trois à quatre centimètres en forme de double T sur le dessus des branches placées horizontalement et sur les côtés de celles occupant une position verticale et oblique. Les écorces soulevées, choisir sur le courson le plus rapproché le bourgeon supérieur D (fig. 10), enlever une petite lamelle d'écorce au-dessous de l'œil E, ensuite abaisser ce bourgeon de façon que l'œil soit inoculé sous les écorces soulevées, ligaturer et ombrer la greffe pendant quelques jours soit avec une feuille ou un morceau de papier.

Si l'opération avait lieu en juillet-août alors que les bourgeons sont plus coriaces, pratiquer sur la branche une entaille en forme d'ovale allongée pénétrant un peu dans l'aubier. Sur le bourgeon greffon enlever légèrement l'écorce de chaque côté en forme de coin de la longueur de l'entaille de la branche. Placer ce bourgeon dans l'entaille de manière à ce que les écorces coïncident bien exactement. Ligaturer ayant grand soin de laisser à découvert l'œil E le courson d'avenir. Au printemps suivant, sevrer cette greffe en coupant les parties de sarments en avant et en arrière de la greffe reprise.

Greffage à l'atelier. — Le greffage de la vigne à l'atelier, en chambre ou au coin du feu de certains auteurs, a lieu pendant l'hiver sur racinés arrachés et même sur de simples boutures.

Disons tout d'abord que les greffes en fente pleine et en fente anglaise sont à peu près les seules employées, les sujets opérés mis en stratification sous sable en attendant le retour des beaux jours du printemps pour être placés en pépinières à dix centimètres environ les uns des autres sur la ligne, ces dernières espacées de cinquante à soixante centimètres, sur terrain bien préparé et les greffons recouverts de terre jusqu'à l'œil supérieur. Pendant l'été, arroser,

FIG.10

si faire se peut, sarcler, biner et enlever plusieurs fois les racines que produisent les greffes.

Après la chute des feuilles on arrache le tout, choisir les sujets bien racinés et surtout bien soudés pour les planter à demeure. Lors de la plantation avoir soin de tenir la partie greffée au-dessus du niveau du sol, la plantation finie, butter légèrement ces jeunes souches lesquelles buttes disparaissent lors des binages du mois de mai suivant.

Quelques-uns, pressés de jouir, greffent des racinés et les mettent aussitôt dans le vignoble à créer. Nous ne saurions trop nous élever contre cette façon de procéder : sous notre climat chaud et sec beaucoup de ces greffes ne reprennent pas, par suite des nombreux vides se produisent dans la plantation. Ces greffes en plein champ ne pouvant, comme celles de la pépinière, recevoir des soins minutieux et assidus.

Le greffage à l'atelier a ses bons et ses bien mauvais côtés par les déceptions qu'on éprouve. C'est donc plutôt l'affaire du cultivateur spécialiste qui a les connaissances requises que celle du propriétaire qui, la plupart du temps, fait faire ce travail par un personnel incompétent. Dans ces conditions les planteurs auront plus de bénéfice à acheter aux producteurs honnêtes, sérieux et capables les vignes greffées et soudées qu'ils désirent planter que de les produire eux-mêmes. Ce qui est de nature à prouver qu'il n'y a aucun parti-pris dans ce que nous avançons, c'est que nombre de propriétaires ont renoncé au greffage de leurs vignes à l'atelier par suite de nombreux échecs.

CHAPITRE V

Soins à donner aux greffes pendant leur première végétation.— Abris ou brise-vent pour les vignobles.— Conclusion.

Que nous ayons greffé à l'automne ou bien au printemps à demeure, la sève du sujet dans son mouvement d'ascension ne pouvant, par suite de l'ablation de sa tête, circuler librement fait pression sur le tronçon laissé; c'est alors que des nombreux bourgeons surgissent tout autour de la butte de terre qui, abandonnés à eux-mêmes, compromettraient l'avenir de la greffe si nous ne modérions leur végétation.

Beaucoup de greffeurs, ceux surtout qui ne savent rien, croient ne plus rien avoir à apprendre, arrachent avec violence tous les bourgeons du sujet, d'où il résulte une grande perturbation de sève, le plus souvent la non réussite des greffes et quelquefois la mort du végétal.

Nous ne suivrons point l'exemple de ces empiriques, et lorsque les bourgeons du sujet dépasseront la butte de dix centimètres environ, nous arrêtons leur élongation en les pinçant au-dessus de leur deux premières feuilles. Cette opération aura pour effet de concentrer toute l'action de la sève sur la greffe qui prend alors du développement.

A la fin mai et courant juin alors que la sève est en pleine activité, si les greffes sont bien reprises et les bourgeons vigoureux, abattre les buttes de terre, couper avec un instrument tranchant à leur point d'insertion sur les sujets tous les bourgeons qui avaient été réservés, détruire les ligatures des greffes pour éviter leur étranglement et supprimer les quelques jeunes racines développées sur les greffes pour éviter leur affranchissement, ensuite refaire la butte.

Si quelques greffes, quoique en partie soudées, paraissaient ne pas avoir un développement rapide, il serait bon de laisser quelques fragments de bourgeons aux sujets pour attirer la sève des racines.

Pour celles de ces vignes dont la greffe paraîtrait ne pas devoir reprendre, supprimer les bourgeons comme il a été dit sauf les deux plus vigoureux et les mieux placés. Si ces bourgeons avaient une tendance à ramper sur le sol les redresser au moyen d'un lien, ensuite les butter fortement et les laisser se développer en liberté pendant tout le cours de leur végétation.

Dans les premiers jours de septembre détruire toutes les
buttes des greffes pour que les soudures se fortifient sous
l'influence de l'air et de la lumière, supprimer toutes les
racines nouvellement venues sur les greffes et les quelques
fragments de sarments laissés aux sujets pour attirer la
sève des greffes boudeuses si toutefois ces dernières ont
données signe de vie.

A l'automne ou au printemps suivant, les souches dont
les greffes n'ont pas réussies ont leur chicot coupé au-
dessus du point d'attache des deux sarments conservés.
Ces derniers sont greffés en fente pleine ou à l'anglaise
modifiée à quelques centimètres au-dessus du sol. Si une
deuxième fois les greffes venaient à ne pas réussir, on y
reviendrait l'année suivante, ayant toujours de nouveaux
bois à notre portée nous opèrerions jusqu'à complète reprise.

Dans le cas où les deux greffes reprendraient, on peut,
si on le veut, faire disparaître la plus faible mais nous
préférons les conserver toutes les deux, activer la formation des souches du vignoble et augmenter rapidement les
produits, car en viticulture comme en agriculture le temps
c'est de l'argent.

Abris ou brise-vents.— Dans nos contrées désolées par
les vents, les greffes de nos vignes de même que les bourgeons de nos anciennes souches, ont beaucoup à souffrir
de leur violence, aussi dans certaines localités du Midi on
est dans l'habitude de garantir les vignobles au moyen
d'abris ou brise-vents qui consistent à planter en lignes
des roseaux, des tamaris, des aubépines, des peupliers,
etc. Ces haies ou palissades sont d'autant plus rapprochées
les unes des autres que le vignoble est plus exposé.

Loin de nous l'idée de critiquer un seul instant une chose
aussi utile, mais qu'il nous soit permis de dire que si au
lieu d'employer pour former ces abris des végétaux à racines très absorbantes et ne produisant rien ou à peu près,

on les remplaçait par des essences fruitières remplissant
les mêmes conditions et susceptibles de donner des produits il me semble qu'il y aurait avantage. Pourquoi ne
planterions-nous pas, à cinq ou six mètres les uns des
autres, des amandiers, des cerisiers et pruniers élevés à
haute tige ou en plein vent et entre ces grands arbres une
touffe de cognassiers, grenadiers à gros fruits, noisettiers
de Provence, etc., en choisissant pour chaque genre les
sols leur convenant le mieux. Ces arbres ont une végétation
rapide et soutenue, leur feuillage peu compact ne nuit
point à la circulation de l'air tout en neutralisant l'action
des vents, de plus, leurs produits trouvent toujours place
à des prix rémunérateurs. Nous soumettons cette idée aux
planteurs, libres à eux d'en tirer le parti qu'ils jugeront le
mieux leur convenir.

Indépendamment des abris pour les vignobles exposés à
la violence des vents, les greffes de la vigne doivent, la
première année, être garanties par des tuteurs sur lesquels
leurs bourgeons sont accollés au moyen de ligatures souples
telles que : paille de seigle, jonc des marais, raphia, etc.

Il est un autre système d'éviter la cassure des greffes de
la vigne, qui consiste à pincer à une hauteur de 0,20 cent.
environ les bourgeons des greffes. Bientôt après cette opération les yeux placés à l'aisselle des feuilles les plus
hautes donnent naissance à des bourgeons.

Tout en garantissant les greffes on gagne, en procédant
ainsi, un an sur la formation de la souche. Toutefois, nous
devons faire remarquer que ce mode d'opérer ne peut convenir qu'aux vignes greffées sur des sujets vigoureux, dans
le cas contraire il est préférable de s'en tenir aux tuteurs
ou bien de remonter les buttes de terre en partie détruites
par les pluies et ajourner à l'année suivante la formation
de la souche greffée.

CONCLUSION

Au cours de notre travail nous avons vu combien pour réussir avec les vignes américaines il importait de bien choisir chaque sorte de cépages à la plantation des diverses natures de terre et de bien défoncer les terrains qui doivent les recevoir.

Qu'il ne soit point oublié que les boutures et plants racinés d'une grosseur convenable, sept à dix millimètres environ, ne doivent point être enterrées trop profondément, les plantations profondes produisent des sujets sans avenir. Les végétaux deviennent d'autant plus vigoureux que leurs racines superficielles sont exposées au contact de l'air. Nous prenons cet exemple dans la nature.

Le greffage a une très grande importance, par des greffes bien faites favorisant les soudures à court délai nous rétablissons l'équilibre entre la partie aérienne et souterraine d'où résulte l'avenir de la souche. Ne greffer que sur des parties saines exemptes de carie, nécrose, anthracnose, etc.

Combien ne voyons nous pas de vignes greffées par des personnes n'ayant aucunes notions pratiques de viticulture moderne. Aussi combien de plaintes de la part de ceux qui ont laissé agir ces greffeurs? Sans exiger des greffeurs en titres et diplomés, nous ne saurions trop recommander aux intéressés de ne choisir que des opérateurs, qui tout en connaissant la partie manuelle ou pratique, savent répondre aux questions posées et au besoin guider le propriétaire.

Autorisé par M. le Ministre de l'Agriculture et M. le Préfet du Var à faire des conférences d'arboriculture fruitière et de viticulture moderne dans les départements, nous avons jusqu'ici fait notre possible pour démontrer la manière de faire de bonnes greffes. Mais dans un entretien où plusieurs sujets sont traités à la fois, il n'est pas possible de former de bons élèves. Pour cela faire, il faudrait — à l'exemple de la société de viticulture lyonnaise — créer des écoles de greffage pour la vigne; les maîtres greffeurs choisis parmi ceux pouvant donner des preuves de leur capacité, non pas pour la vitesse de l'opération , mais bien par des résultats sérieux par eux obtenus et contrôlés par des commissions compétentes.

Nos variétés de vignes d'Europe sur américaines deviennent vigoureuses et fertiles si, comme nous l'avons dit, on a le soin de bien choisir les greffons et appliquer aux souches des tailles en raison de leur mode de végéter, c'est-à-dire en ouvrant de larges issues à la sève, études que nous traiterons dans une prochaine publication. Les tailles trop courtes sont nuisibles à la santé de la vigne et diminuent sensiblement les produits de certains cépages.

Etablir les plantations de façon que l'air et la lumière circulent librement entre les pieds qui les composent, ces agents bienfaiteurs sont les vrais stimulants des végétaux, les fleurs nouent mieux leurs fruits que lorsqu'ils en sont en partie privées, ces derniers deviennent plus beaux et sont de meilleure qualité.

Ne travaillons point isolément, aidons-nous tous à l'achèvement d'une œuvre aussi grande et utile. C'est en procédant ainsi que nous parviendrons à relever notre viticulture en détresse une des richesses nationales de notre patrie : la France !

18 RÉCOMPENSES AUX CONCOURS ET EXPOSITIONS

MÉDAILLE D'OR, DRAGUIGNAN 1882

ÉTABLISSEMENT D'HORTICULTURE
ET PÉPINIÈRES

CULTURES SPÉCIALES

Vignes Américaines greffées et non greffées, Arbres fruitiers
et Rosiers, les meilleures variétés pour la région.

AUTHENTICITÉ GARANTIE DES PRODUITS LIVRÉS

Envoi franco du Prix-Courant sur demande